VOLUMEN 42

WARUM MAN KEIN FLEISCH ESSEN SOLLTE

GENETISCHER KANNIBALISMUS

Ausgabe Nr. 2

Carlos L. Partidas

DEDIKATORIUM

ZUR ERINNERUNG AN PYTHAGORAS, DEN ERSTEN MATHEMATIKER DER GESCHICHTE. ABER DARÜBER HINAUS WAR PYTHAGORAS DER ERSTE DIE RECHTE AUF DIE EXISTENZ VON TIEREN VERTEIDIGEN

INHALTSVERZEICHNIS

Kapitel		Seite
1	GENETISCHER KANNIBALISMUS	1
2	UNSER ANTIOXIDANS	14
3	SELTSAMES CHOLESTERIN	25

ANERKENNUNG

AUSNAHMSLOS FÜR ALLE TIERE, WEIL SIE
UNTER DER TRÄGHEIT DER MENSCHEN LEIDEN

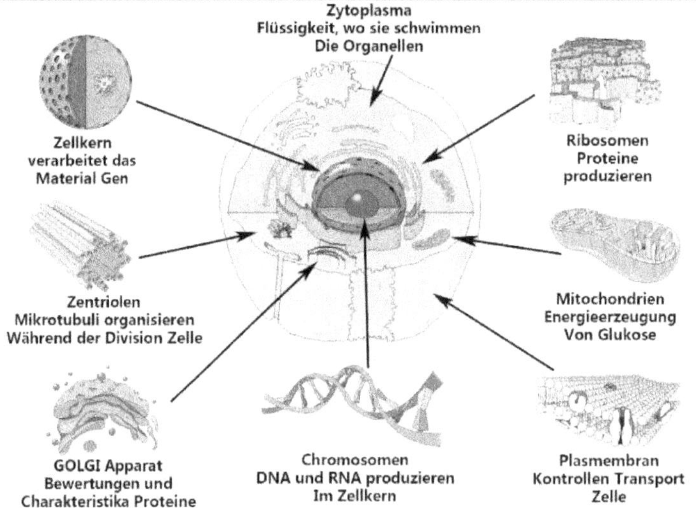

MENSCHLICHE EUKARYOTISCHE
Zytoplasma
Flüssigkeit, wo sie schwimmen
Die Organellen
Zellkern
verarbeitet das
Material Gen
Ribosomen
Proteine
produzieren
Zentriolen
Mikrotubuli organisieren
Während der Division Zelle
Mitochondrien
Energieerzeugung
Von Glukose
GOLGI Apparat
Bewertungen und
Charakteristika Proteine
Chromosomen
DNA und RNA produzieren
Im Zellkern
Plasmembran
Kontrollen Transport
Zelle

Abbildung 1

1

GENETISCHER KANNIBALISMUS

Die Materie des Körpers ist wandelbar; und sie stammt aus Energie, die in Form von Materie kondensiert ist. Das heißt, die Materie des Körpers und alle im Universum existierende Materie ist die elektronische Energie, die durch die integrierenden Kräfte der Gluonen zusammengeklebt wird. Aber diese Behauptung wurde durch die Experimente von Bucherer und Neumann bewiesen, die auf der Energiegleichung von Albert Einstein basieren: $E=MC^2$. Das bedeutet, dass die Energie E in die Masse M und die Masse M wieder in Energie umgewandelt wird, vorausgesetzt, die Masse M bewegt sich mit der gleichen Geschwindigkeit, mit der sich das Licht bewegt. Aber es wird unmöglich sein, dass die Masse spontan in Energie umgewandelt wird, weil sich die Energie, sobald sie kondensiert, nicht schneller bewegen kann als ein Photonenstrahl, d.h. das Licht, das wir sehen, oder das Licht, das uns beleuchtet. Dies geschieht, wenn ein Photonenstrahl auf die raue Oberfläche von Gegenständen trifft. Daraus leiten wir ab, dass C nicht die Lichtgeschwindigkeit in der Einsteinschen Gleichung sein kann, weil es nur eine universelle Konstante ist, die verwendet wird, um das Gleichheitszeichen (=) in die Energiegleichung einzuführen. Der Wert einer Konstanten hängt von den Einheiten ab; so beträgt der Wert von C in diesem Fall beispielsweise 300.000 Kilometer pro Sekunde, da die Masse in Kilogramm-Einheiten angegeben werden kann. Die Energie E muss also konsistent ausgedrückt werden, so dass C einen Wert von 300.000 Kilometern pro Sekunde hat.

Wir können die elektronische Energie nur sehen, wenn die elektronische Energie in elektronische Masse umgewandelt wird. M ist die relative Masse von Albert Einstein; und es ist eine relative Masse, weil die Masse M aus der Anfangsmasse m_0 gebildet wurde, d.h. M wurde aus der Anfangsmasse erzeugt; und die Masse m_0 entstand aus der Energie, die sich mit großer Geschwindigkeit bewegte. Aber am Anfang gab es kein Licht, was bedeutet, dass sich die Teilchen mit einer sehr hohen Geschwindigkeit bewegen konnten, aber wir können nicht sagen, dass diese Geschwindigkeit der Lichtgeschwindigkeit entsprach.

Aber wir haben diese Beziehung von Albert Einstein mit Hilfe der imaginären Zahlen erweitert; und wir haben festgestellt, dass die Anfangsmasse m_0 mit der großen Geschwindigkeit des ersten Teilchens zusammenhängt, das wir als Almatrino definiert haben. Ein Almatrino ist also das kleinste existierende Elementarteilchen; daher kann sich ein Almatrino mit einer höheren Geschwindigkeit bewegen als die Photonen des Lichts.

C kann also nicht die Lichtgeschwindigkeit sein, was ein mathematischer Fehler von Albert Einstein ist, als er davon ausging, dass sich nichts mit einer höheren Geschwindigkeit als Licht bewegen kann. Für die Zeit Albert Einsteins war jedoch die Existenz von Elementarteilchen wie den Almatrino nicht bekannt. In Wirklichkeit können sich Almatrinos jedoch schneller bewegen als Licht, denn Almatrinos haben keine

Masse, da m_0 nur die minimale Masse definiert, die ein Teilchen an dem Punkt minus unendlich erhält, den wir aus einem anderen mathematischen Konzept namens virtuelle Zahlen ableiten. Das heißt, $<(m_0)>$; m_0 ist also nicht Null, sondern virtuell eine Masse, die zu klein ist, um sie messen zu können. Aber diese Anfangsmasse befindet sich tatsächlich im Minus unendlich, oder an dem Punkt, von dem aus sich die Energieblase des Universums zu bilden begann.

Wenn man also bedenkt, dass es Teilchen gibt, die sich schneller als Licht bewegen können, haben wir die Energiegleichung als $E = m_0 C^3/\mho$ hergeleitet; und diese Gleichung erklärt auf offensichtlichere Weise, wie das Universum entstanden ist, da sie die Anfangsmasse des Teilchens m_0 im Minus unendlich, die Geschwindigkeit $\mho$ des Teilchens und die Energie E berücksichtigt, d.h. die drei Variablen, die die Bewegung beschreiben, und die kausalen Variablen, die mit dem ersten Teilchen verbunden sind, das die Masse m_0 erworben hat. Daher wurde die Masse des ersten Teilchens gebildet, als die Geschwindigkeit $\mho$ des ersten Teilchens zu dem Wert in der Proportionalität C^3 tendierte. Oder wir können sagen, dass $E\mho/m_0 = C^3$. So dass in dem Moment, in dem die Energie zur Masse m_0 wird, C^3 ist; das sind 27.000.000.000.000.000 Kilometer pro Sekunde. Oder wenn $m_0 C^3 = \Psi$; das bedeutet, dass $\mho = \Psi/E$. Es bedeutet, dass, wenn die Energie E sehr klein war, $\mho$ zur Unendlichkeit tendierte; oder wenn $\mho$ sehr klein war $E = \Psi/\mho$, tendierte die Energie E ebenfalls zu einem unendlichen Wert. Diese Werte tendieren zur Unendlichkeit, weil wir uns auf den kleinsten Punkt beziehen, von dem aus die Blase des Universums gebildet wurde, d.h. den Punkt, dessen virtuelle Dimensionen einem Energiequantum und dem kleinsten Raum entsprechen. Aber diese Entstehung der Masse durch die hohe

Geschwindigkeit eines Teilchens ist es, was die experimentellen Daten von Bucherer und Neumann beweisen.

In einer solchen Weise, dass in diesem Moment das durch den elektronischen Strom E erzeugte Magnetfeld ist: E/C=B. Aber so wie die Gluonen die elektronische Energie integrierten, um die elektronische Masse zu bilden, so gibt es auch integrierende Kräfte, die wir Urdires genannt haben, weil sie die magnetische Energie zu einer anderen Art von Energie verklumpten, d.h. Energie, die die Geister bildete.

Auf diese Weise ist die Geschwindigkeit, mit der sich ein Geist bewegt, gleichbedeutend mit C^2; ($C^2 = \mho B/m_0$), d.h. 90.000.000.000 Kilometer pro Sekunde. Dieser Wert der Geschwindigkeit eines Geistes liegt immer noch über der Lichtgeschwindigkeit von Albert Einstein. Aber diese hohe Geschwindigkeit der Geister erklärt, warum sich Geister fast gleichzeitig an zwei oder mehr Orten aufhalten können; oder Ereignisse zu sehen, die für jemanden, der sich relativ gesehen mit null Geschwindigkeit relativ zu einem Himmelskörper bewegt, der sich wiederum mit hoher Geschwindigkeit innerhalb des Universums bewegt, z.B. die Erde, solche Ereignisse gerne als zu seiner zukünftigen Zeit gehörend betrachten wird. Oder wir können als Geister reisen, um andere Orte im Universum kennen zu lernen, denn es macht keinen Sinn, die ganze Zeit nur auf die Erde beschränkt zu leben.

In Wirklichkeit ist sich also die Energie der Geister ihrer Existenz bewusst, und es ist die Energie, die zwar integriert, aber nicht mit der elektronischen Energie des Körpers verschmolzen ist, der zur elektronischen Materie wurde. Die Energie des Geistes ist ewig und kann nicht verändert werden, außer dass sie in einen schönen Mantel gehüllt ist, da sie aus den Erfahrungen, die in ihr angesammelt werden, Wissen erwirbt; das heißt, sie lernt.

Während die elektronische Materie des Körpers veränderlich ist; aber der andere Unterschied zur Geistenergie besteht darin, dass die elektronische Energie sich ihrer selbst nicht bewusst ist, weil sie nur elektronische Masse bildet, die sich ihrer Existenz ebenfalls nicht bewusst ist.

Wenn Sie dieses Buch zum Beispiel auf einem elektronischen Gerät lesen, tun Sie dies, weil die elektronische Energie sich durch einen elektronischen Schaltkreis bewegt, der normalerweise durch einen elektronischen Strom aktiviert wird, der von einer Batterie geliefert wird. Und dieser elektronische Strom fliesst durch den elektronischen Schaltkreis, so dass der Text auf dem Bildschirm erscheint. Aber diese elektronische Energie ist sich ihrer Funktion in den elektronischen Geräten nicht bewusst; aber auch die elektronischen Geräte sind sich ihrer Existenz nicht bewusst; und Sie können die mit elektronischer Masse hergestellten Geräte ausschalten und den elektronischen Strom abschalten.

Auf die gleiche Weise fließt die magnetische Energie des Geistes durch den Körper, der aus elektronischer Materie besteht, aber der Unterschied ist, dass sich diese Geist-Energie ihrer Funktion im elektronischen Körper bewusst ist; und die einzige Möglichkeit, die Verbindung abzuschalten, besteht darin, die magnetische Energie des Geistes von der elektronischen Masse des Körpers zu trennen. Die Körpermaterie wird also ohne die Geistenergie nutzlos sein. Aber die Geist-Energie wird lebendig bleiben, weil sie lebendig und ewig ist, das heißt, weil sie ihr eigenes energetisches Leben hat; sie wird aber auf einer anderen energetischen Ebene existieren und sich mit hoher Geschwindigkeit bewegen, wenn sie es wünschen.

Auf diese Weise können wir nur die elektronische Materie des Körpers verändern, nicht aber die Energie des Geistes, und alle Lebewesen werden durch magnetische Energie gebildet, die vom Universum ausgeht. Alle Lebewesen auf der Erde sind also sowohl energetisch als auch genetisch Brüder. Energetische Brüder, weil wir alle aus der magnetischen Energie des Universums hervorgehen, und genetische Brüder, weil die gesamte genetische Materie aus elektronischer Energie gebildet wurde, die gleichermaßen vom Universum ausging.

Wenn wir uns also mit dem Fleisch des Körpers eines Bruders ernähren, bekommen wir organische Krankheiten, nur wegen uns als Geister, weil wir genetischen Kannibalismus praktizieren. Und der Akt, einen Bruder zu töten, um seinen Körper zu verschlingen, ist bereits ein abscheulicher Akt für die Reinheit unseres energetischen Geistes. Mit anderen Worten, wir können uns mit diesem verblassten energetischen Mantel nicht mehr auf elegante Weise kleiden.

Aber es ist notwendig zu wissen oder zu verstehen, wie Krankheiten verursacht werden, dass alle elektronischen Körper von Lebewesen aus Zellen bestehen. Und eine Zelle ist das kleinste lebende elektronische Materiewesen, das existiert oder in der Lage ist, selbständig zu leben. Alle Lebewesen bestehen also aus Billionen dieser winzigen Lebenskapseln.

Die Zellen, aus denen Gemüse besteht, sind ebenso lebendig, unterscheiden sich aber von den Zellen, aus denen Tiere bestehen. Aber die Zellen, aus denen Tiere bestehen, sind chemisch gesehen alle gleich, denn sie unterscheiden sich von Pflanzenzellen nur in ihrer unterschiedlichen strukturellen Form. Und wir werden unsere Zellen nicht mit dem bloßen Auge sehen können, weil sie zu klein sind, oder um sie beobachten zu können, brauchen wir ein Mikroskop. In Abbildung 1 können wir sehen, wie eine tierische Zelle geformt ist. Aber vielleicht haben wir alle schon einmal eine Zelle gesehen, wenn wir ein Hühnerei braten. Die Schale ist die Kapsel oder der Rahmen, in der sich der gelbe Teil, d.h. der Kern der Zelle, und der weiße Teil, das Zytoplasma, befinden. Das Zytoplasma ist der Teil, in dem die Organellen schwimmen, während der Zellkern die DNA produziert, die einen Code mit der eindeutigen genetischen Information enthält oder jedes Lebewesen identifiziert. Mit anderen Worten, dieser Code ist das, was uns von jeder Tierart unterscheidet. Sogar derselbe Code ist es, der uns selbst innerhalb derselben Tierart unterschiedlich macht. Er wird genetischer Code genannt, und die enorme Vielfalt oder Verschiedenartigkeit der Lebewesen ist auf die Kombination von nur vier Basen zurückzuführen, die die DNA bilden, die aus elektronischer Materie besteht.

Diese Basen sind: Adenin A, Thymin T, Guanin G und Cytosin C. Die vier Basen bilden eine enorme Vielfalt der Kombinatorik oder einen genetischen Satz. Betrachten Sie zum Beispiel das, was Sie bisher auf dieser Seite gelesen haben, und Sie werden sehen, dass der Text aus Wörtern gebildet wird, die mit den 28 Buchstaben des Alphabets geschrieben sind; und wir identifizieren ihn nur, weil seine Zahlen unterschiedlich sind. Stellen Sie sich nun vor, wie viele Wörter mit diesen vier Buchstaben A-T und G-C gebildet werden können. Nun, sagen wir, dass mit diesen vier Buchstaben A, T, G und C das genetische

Alphabet aller Tiere und Pflanzen, die auf der Erde existieren, gebildet werden kann.

Aber die Sequenz eines Gens kann in der DNA wiederholt werden. Oder wie in einer Tonleiter, die übrigens von Pythagoras entdeckt wurde, oder diese Töne werden identifiziert, weil die Schwingungsformen jedes Tones durch eine differenzierte Frequenz getrennt sind, die hörbar erkannt werden kann.

Natürlich sind in allen Zellen die Basen A, T, G und C chemisch gesehen gleich. Wenn wir Fleisch essen, nehmen wir also die gleiche Art von Zellen zu uns, aus denen alle Lebewesen gebildet werden. Und das ist der Grund, warum verschiedene Arten von Krankheiten entstehen, die nichts anderes sind als Situationen oder Rückschläge, die wir uns selbst schaffen. Das heißt, es gäbe keine organischen Krankheiten, wenn wir verstehen könnten, dass wir uns nicht mit einer Nahrung ernähren können, die unsere eigene Art von Zellen enthält.

Die Ausgabe dieses Buches wurde mit der Idee gedacht, weiterhin den Ursprung des Universums zu erzählen, so dass die Leser die Kommunikatoren dieser energetischen Realität sind, und dass dieses Wissen die Grundlagen für die Existenz der neuen Menschheit wirft; denn nur das Wissen kann uns den Grund und das Recht geben, dass wir alle Lebewesen haben, frei zu sein; uns energetisch entwickeln zu können oder uns mit den schönen Kleidern zu kleiden, die uns als unabhängige energetische Formen einzigartig aussehen lassen. Und vielleicht müssen wir, um dies zu erreichen, zu Universalgelehrten werden, wie Aristoteles oder Galileo Galilei, denn die Erklärung des menschlichen Verhaltens umfasst die meisten Disziplinen: von der experimentellen Wissenschaft, der Kosmologie und der Annahme, die die Kraft des Denkens, d.h. die Fähigkeit der Vorstellungskraft, durch die Philosophie macht.

Der wissenschaftliche Ansatz ist notwendig, da wir die Tür des Wissens nicht für Zweifel offen lassen können; aber in Wirklichkeit sind all diese Phänomene, die mit der physischen Existenz des Menschen zusammenhängen, chemischer Natur.

Aber wir machen einen energetischen Fehler, wenn wir uns mit den Zellen und Proteinen eines anderen Lebewesens ernähren, das uns genetisch ebenbürtig ist. Und wir können versichern, dass tierisches Eiweiß auch Schaden anrichtet, denn aus diesen Stoffen werden die gleichen Aminosäuren gewonnen, die wir brauchen, damit unsere Zellen unsere Eiweißkonsonanten bilden können, oder die ausschließlich den Körper des Menschen bilden. Aber all diese Aminosäuren sind in den Proteinen, die aus dem Pflanzenreich stammen, reichlicher vorhanden, weil Pflanzen die einzigen Lebewesen sind, die diese Aminosäuren herstellen können. Vielleicht liegt es aber auch daran, dass Pflanzen nicht laufen können; sie können also nicht hinausgehen, um Nahrung zu suchen, sondern müssen sie an Ort und Stelle herstellen. Es gibt aber auch Kletterpflanzen oder Pflanzen, die ihre Tentakel benutzen, um sich zu bewegen und zu entwickeln. Und wenn Sie Ihren Finger auf diesen Tentakel legen, wickelt sich der Tentakel um Ihren Finger, und Sie können sehen, dass die Pflanze wirklich lebendig ist und ihren Zweck erfüllen will, Teil des Daseins zu sein.

Natürlich werden wir von einer enormen Anzahl von Zellen gebildet; und diese Menge steht für eine sehr grosse Anzahl von Basenpaaren, da ein einzelnes Gen von einer immensen Anzahl von Basenpaaren gebildet wird. In der DNA werden die

Basenpaare in der Form: Adenin-Thymin und Guanin-Cytosin gebildet. Aber darüber hinaus wissen wir bereits, dass alle Zellen von den gleichen Basen gebildet werden: ob es sich nun um die Basen einer Maus, eines Kolibris, einer Gans, eines Hundes, eines Wals, eines Hahns, eines Pferdes, eines Reptils, einer Kuh oder eines Huhns handelt... oder wie auch immer die Struktur ist, chemisch gesehen sind die beiden Basenpaare gleich; denn das einzige, was sich ändert, ist die Position dieser Basenpaare in jeder DNA.

Mit anderen Worten, jede Lebensform wird durch ihren genetischen Code bestimmt. Schauen Sie zum Beispiel nach oder stellen Sie sich die ISBN vor, die auf der zweiten Seite dieses Buches aufgedruckt ist; diese ISBN ist es, die sie identifiziert, und es gibt kein anderes Buch mit demselben Strichcode.

Oder auf diesem Blatt können wir die Position der Wörter ändern, aber die Änderung dieser Reihenfolge wird die Wörter überhaupt nicht verändern, da sie nur den allgemeinen Sinn des Satzes verändert. Und wenn Sie versuchen würden, Ihre eigene Anordnung mit den gleichen Wörtern auf diesem Blatt zu treffen, würden Sie feststellen, dass die Anzahl der kombinatorischen Wörter sehr groß ist, und es könnte ein Leben lang dauern, bis Sie versuchen, verschiedene Bedeutungen und Satzformen zu bilden, selbst wenn Sie die gleichen Wörter verwenden, um auszudrücken, was Sie sagen wollen; das heißt, es wird viele Möglichkeiten geben, das auszudrücken, was Sie sagen wollen.

Oder das, was in diesem Buch geschrieben steht, kann auf eine Weise oder mit einer unendlichen Anzahl von Stilen erfolgen, so dass das Buch bearbeitet werden muss, damit die Idee dessen, was geschrieben oder gemeint ist, besser verstanden wird. Es wäre also einfacher, ein Fantasie- oder Gedichtbuch zu schreiben als ein wissenschaftliches Buch, in dem die Idee präziser sein muss. Jede Sprache ist auch anders; so ist z.B. das Schreiben in der spanischen Sprache schwieriger als in der englischen Sprache, weil die Position des Kommas (,) den Sinn des Satzes verändern kann.

Zum Beispiel: Ein Verurteilter wurde aufgefordert, seine Strafe zu vollstrecken; und der Richter schrieb: "...verzeihen Sie ihm es ist unmöglich ihn zu verurteilen... Der Verurteilte erkannte bei der Lektüre des Satzes, dass der Richter das Komma auf das Wort unmöglich nicht gesetzt hatte; denn was der Richter meinte, war: "...verzeihe ihm unmöglich, richte ihn...". Also setzte der Verurteilte das Komma auf das Wort "verurteilen"; und so änderte er die Bedeutung des Satzes und das Urteil des Satzes: "...verzeihe ihm, unmöglich ihn zu verurteilen...". Aber der ganze Satz kann ein Palindrom sein, denn wir können den gleichen Satz von rechts nach links schreiben: "...ihn zu verurteilen, unmöglich zu vergeben...".

Auf die gleiche Weise werden wir in dem genetischen Satz eine Gruppe von Basen in der DNA finden, die Palindrom-Gene bilden, d.h. die Basenpaare lesen von links nach rechts dasselbe wie von rechts nach links. Zum Beispiel ist das Wort "Anna" Palindrom, weil es in beide Richtungen gleich gelesen werden kann.

Aber wenn man sich dies zunutze macht, ist es möglich, ein Gen zu verändern, und die Reihenfolge spielt keine Rolle, da keine Änderung in Richtung des Gens eingeführt wird. Es ist der Prozess, mit dem das Immunsystem die genetische Sequenz eines Virus angreift, so dass das Virus ein zweites Mal nicht mehr angreifen kann. Aber das Virus verschwindet nicht, es mutiert, um das Immunsystem zu täuschen.

Zum Beispiel kann die Sequenz der Basenpaare in einem Virus verändert werden, und dies verändert die genetische Struktur des Virus nicht wesentlich, da es nur die Botschaft verändert. Vielleicht ist diese Kenntnis der Palindrom-Gene das, was hinter dem COVID-19 steckt, für die Ausarbeitung eines Impfstoffs gegen einen Organismus, dessen genetische Struktur bereits bekannt ist. Dann wird ein anderes Virus mit einer anderen Struktur kommen, und der andere Impfstoff, usw. Aber die Wahrheit ist, dass Viren Teil der Struktur der Zellen sind. Und die Politiker sind hinter den Wissenschaftlern her, um zu sehen, wie sie aus einem Phänomen, das nur einen wissenschaftlichen Wert hat, einen wirtschaftlichen Nutzen ziehen.

Aber letztlich wollen wir mit diesem Beispiel der Kombination von Buchstaben und dann Wörtern und Satzzeichen sagen, dass wir Wörter, Phrasen, Sätze, Texte und dann Bücher auf verschiedene Weise schreiben können, aber die Buchstaben und Wörter in eine andere Reihenfolge bringen.

Und genau das tut die Natur, indem sie mit nur vier Basen, Adenin-Thymin und Guanin-Cytosin (A-T und G-C), allen genetischen Codes der Lebewesen, "schreibt". Und die fünfte Base Uracil (U) beteiligt sich nicht an der Wortbildung in der DNA im Inneren des Zellkerns, sondern sie kommt als Teil der Boten-RNA aus dem Zellkern heraus. Die Boten-RNA ist diejenige, die die Information trägt, die dem Ribosom mitteilt, welches oder welche Art von Protein in diesem Moment produziert werden soll. Die Botschaft kann, soll aber nicht verändert werden, denn die gesamte Struktur der Proteine würde verändert werden, und als Folge davon würde die Proteinstruktur oder die Kapsel, die die Zelle umgibt, zusammenbrechen.

Damit sich die Boten-RNA auf das Ribosom zubewegen kann, um die verschiedenen Aminosäuren zu verschlingen und die Proteinketten zu bilden, muss Energie verbraucht werden. Und um diesen Energiebedarf zu decken, müssen wir den Glukosezucker verbrauchen, den wir in den Kohlenhydraten finden. Und um die Energie aus diesem Zucker mit dem Sauerstoff zu gewinnen, wird dieser Prozess ausschließlich von den Mitochondrien, den Wärmekraftwerken der Zellen, durchgeführt.

Aber nehmen wir an, dass auf diese Weise Zellen entstehen, und sie sind zweifellos die kleinsten und einfachsten Lebewesen, die im gesamten Universum existieren können, denn diese kleinen Kapseln sind es, die uns die Möglichkeit geben, alle Wesen in einem elektronischen Körper zu leben. Das heißt, die Organisation, Funktionalität, Assoziation, Koordination und Chemie, oder kurz gesagt, all die Wunder, die unsere Zellen ausmachen, zwingen uns zu der Annahme, dass eine überintelligente Energie diejenige ist, die diese Logistik innerhalb einer Zelle ausführt. Daher können wir davon ausgehen, dass wir es als Geister sind, die die Reihenfolge der Grundlagen unseres genetischen Designs verändern können.

Auf die gleiche Weise oder Art und Weise des Schreibens und Lesens können wir unsere genetische Sequenz verändern, wenn wir Fleisch von verschiedenen Tieren essen, da wir dieselben Buchstaben oder Basen essen, die unser Alphabet bilden, mit dem unsere DNA geschrieben ist, denn die DNA von Tieren ist genau die gleiche wie unsere DNA, oder sagen wir, sie enthält dieselben fünf Buchstaben A-T, G-C und U; nur die Reihenfolge, in der diese Buchstaben platziert sind, ändert sich.

Wenn sie ihre Arbeit oder Funktion erfüllt haben, sterben unsere Zellen ab. Natürlich wird dieses Material in der sterbenden Zelle frei und unbrauchbar; aber wir werden die toten Zellen nicht vollständig im Urin oder Kot entsorgen, da das Material der toten Zellen von den lebenden Zellen zur Bildung von Natriumurat verwendet wird, dem Antioxidans, das nicht nur die vorzeitige Zersetzung gesunder roter Blutkörperchen und die Oxidation von Fettsäuren mit einer Doppelbindung "cis" verhindert, sondern auch die freien Radikale absorbieren kann, die bei der Hämolyse zurückbleiben; d.h. aus der Zersetzung der roten Blutkörperchen, die abgestorben sind oder nicht mehr als Träger von Sauerstoff und Kohlensäure fungieren. Unser wichtigstes Antioxidans ist also Natriumurat, weil Natriumurat aus den Purinbasen Adenin und Guanin gebildet wird; und diese Anzahl von Basenpaaren ist sehr groß.

2

UNSER ANTIOXIDANS

Wir wissen bereits, dass die vom Fleisch stammenden Zellen chemisch gleichwertig mit unseren sind; wenn wir also diese toten Zellen zu uns nehmen, bringt uns das eine überschüssige Konzentration von Adenin- und Guaninbasen; und das Gleichgewicht wird verändert:

$$[\text{Natriumurat}] + [\text{Protonen}] \rightleftarrows [\text{Harnsäure}]$$

Dieses Konzentrationsgleichgewicht wird nach rechts verschoben, d.h. zu einem höheren Anteil an Harnsäure, denn im Gleichgewicht wird die Harnsäurekonzentration umso höher sein, je höher die Konzentration von Natriumurat und H^+-Protonen ist, um einen neuen Wert zu erreichen, der die drei Mengen im Gleichgewicht hält. Bei einer höheren Konzentration von H^+-Protonen wird das Blut jedoch sauer, weil der Bereich des normalen Gleichgewichts außerhalb des Funktionsbereichs für das Blut eines Menschen liegt, dessen Säurewert auf der alkalischen Seite in einem engen pH-Bereich liegt: er liegt zwischen 7,35 und 7,45. Fällt der pH-Bereich unter 7,35, kommt es zur Azidose, d.h. das Blut wird sauer. Und wenn der pH-Wert über 7,45 liegt, kommt es zur Alkalose, d.h. das Blut wird sehr alkalisch.

In beiden Fällen oder außerhalb dieses Säurebereichs wird die Funktionsfähigkeit der Zellen erschwert. Wenn das Blut zum Beispiel sauer ist, kann das Hämoglobin den Sauerstoff nicht in die Mitochondrien transportieren. Wenn das Blut zu basisch ist, kann das Hämoglobin die Kohlensäure nicht von den Zellen in die Lunge transportieren, da das Hämoglobin nur an den Sauerstoff gebunden ist.

Es ist notwendig, dass das Hämoglobin den Sauerstoff transportiert und an die Zellen abgibt, so dass es, wenn es frei ist, sich mit der Kohlensäure verbinden kann; und wenn das Hämoglobin mit der Kohlensäure in die Lungen gelangt, können wir es durch Ausatmen aus dem Körper ausstoßen. In den Lungenbläschen ist der pH-Wert des Blutes höher oder der Säuregehalt des Blutes niedriger; normalerweise liegt er bei 7,40. Bei einem niedrigeren Säuregrad wird also Hämoglobin aus der Kohlensäure freigesetzt, das zu Kohlendioxid und Wasserdampf wird, die aus der Nase austreten. Und wenn das Hämoglobin frei ist, verbindet es sich wieder mit vier anderen Sauerstoffmolekülen; und es wird durch den Blutstrom in einem zyklischen Prozess mitgerissen, der die Zellatmung aktiv hält, d.h. die Erzeugung von Wärme durch die Oxidation von Glukose mit Sauerstoff durch die Mitochondrien.

Der grössere Bereich der Harnsäurekonzentration führt dazu, dass der Säurewert über den für das Blut eines Menschen tolerierbaren Wert hinausgeht. Und eine der Folgen ist, dass das Hämoglobin durch den höheren Anteil der Kohlensäure neutralisiert wird. Kohlensäure wird in den Mitochondrien durch das Enzym Anhydrase-Kohlensäure gebildet, das Kohlendioxid in Kohlensäure umwandelt, da sowohl Hämoglobin als auch Myoglobin Kohlendioxid nicht als Gas, sondern als Kohlensäurekomplex namens Carboxyhämoglobin transportieren können.

Wenn das Blut in der Lunge jedoch sauer ist, kann das Hämoglobin die Kohlensäure nicht freisetzen, um sich mit dem Sauerstoff zu verbinden. Daher wird das Hämoglobin zurück in die Zellen gepumpt, die mit der gleichen Kohlensäure, aber nicht mit Sauerstoff beladen sind. Das Myoglobin findet also nicht den Sauerstoff aus dem Hämoglobin, um ihn in die Zellen zu transportieren, so dass die Mitochondrien mit der Glukose und dem Sauerstoff die Wärmeenergie produzieren.

Und wenn der Sauerstoff die Zellen nicht erreicht, produzieren die Mitochondrien die Energie durch Glykolyse der Glukose. Dies ist ein Notfallweg zur Energiegewinnung. Und auf diesem Weg der Glykolyse werden in den Mitochondrien Laktate, aber kein Pyruvat erzeugt. Und wenn das Blut sauer ist, werden die

Laktate in Milchsäure umgewandelt, die das Enzymsystem in den Zellen verändert, vor allem das Enzym Katalase und Superoxid-Dismutase.

Dieser hohe Säuregehalt im Inneren der Zellen erreicht dann den Zellkern, wo die Chromosomen die DNA replizieren und die verschiedene Boten-RNA produzieren. Aber wenn der Zellkern sauer wird, tritt in den Guanin- und Uracilbasen ein Effekt auf, der Tautomerie genannt wird; und durch diesen Effekt der Tautomerie werden die Guanin- und Uracilbasen von ihren Ketonformen in die enolische Form übergehen.

Während die Cytosinbase normalerweise mit der Guaninbase gekoppelt ist, um das Guanin-Cytosin-Paar zu bilden, nur wenn die Guaninbase in der Ketonform vorliegt. Kommt es jedoch zu einer Azidose, kommt es zu einem Methylierungsprozess der Base Cytosin, d.h. die Base Cytosin verliert ihre Aminogruppe, und der freie Platz wird von einem Wassermolekül eingenommen, um die Carbonylgruppe zu bilden. Und dies hinterlässt einen positiven Kohlenstoff, der von der Methylgruppe besetzt wird. Das Endergebnis ist, dass bei diesem Methylierungsprozess die Cytosinbase zur Thyminbase wird.

Dasselbe geschieht mit Uracil, da Uracil aus der enolischen Form durch denselben Methylierungsprozess zur Thyminbase wird.

Als Folge des hohen Säuregehalts im Zellkern wird die Zelle also irgendwann ohne die Basen Cytosin und Uracil auskommen müssen. Und um die DNA zu bilden, wird das Chromosom die Basen wie folgt koppeln: Adenin-Thymin und Thymin-Enol-Guanin. Aber diese Kombinatorik im Gen unterscheidet sich von der normalen DNA, d.h.: Adenin-Thymin und Guanin-

Cytosin. Daher ist diese DNA mutiert und ist das, was sich als Krebs manifestiert. Zusätzlich zu dieser mutierten DNA vermehrt sie sich schneller als normale DNA. Und warum das so ist, erläutern wir in dem Buch "Die Chemie des Krebses" näher.

Die reichliche Konzentration der Methylgruppen kann aus der Aufnahme von tierischem Protein stammen; damit das Ribosom markieren kann, wo die Synthese eines Proteins beginnen soll, lautet der Code der Boten-RNA: Adenin-Uracil-Guanin (A-U-G), dem in der Transfer-RNA der Code Uracil-Adenin-Cytosin (U-A-C) entspricht. Und mit diesem Code ist die Transfer-RNA mit der Aminosäure Methionin assoziiert. Mit anderen Worten, der erste Code der Boten-RNA ist A-U-G; deshalb wird er Initiationscode genannt. Wenn jedoch der Initiationscode der Boten-RNA durch die hohe Acidität vom Kern her verändert wird, dann ist dieser Code jetzt: A-T-G. Aber G liegt in enolischer, aber nicht in ketonischer Form vor; und durch den Verlust der Methylgruppe wird Methionin in Homocystein umgewandelt, das als Antioxidans die Funktion der antioxidativen Enzyme in den Zellen usurpiert.

Wenn wir also Fleisch essen, wird es die echte Chemie für die Zellen eines Vegetariers, der lernen will, ein Fleischfresser zu sein, erschweren.

Fleischfresser haben von Natur aus nicht das gleiche Problem wie der Mensch, da Fleischfresser das Enzym Uratoxidase besitzen, das die Guanin- und Adeninbasen aus den Zellen, die vom Fleisch eines anderen Tieres aufgenommen werden, in Allantoin anstelle von Natriumurat umwandelt. Aber leider hat die Natur für Menschen, die ein Enzym und einen Verdauungsapparat wie Fleischfresser haben möchten, das Enzym Uratoxidase nicht in ihr Blut gegeben, da für einen Vegetarier dieses Enzym nicht notwendig ist.

Überschüssiges Natriumurat sowie das Natriumurat, das in Harnsäure umgewandelt wurde, wird im Urin ausgeschieden, weil das Blut beim Durchgang durch die Nieren und von den Nieren in die Harnblase sauer wird. Aus diesem Grund ist die Flüssigkeit von Nieren und Urin sauer.

Salz, Natriumurat, ist im Körperwasser löslich, Harnsäure jedoch nicht; daher können wir Natriumurat durch Schwitzen gleichermaßen ausscheiden, aber es wird nicht dasselbe mit Harnsäure sein. Allerdings lebt der Mensch heute nur noch in komfortablen Behausungen in den Städten; daher ist der Stadtmensch heute eher sesshaft als nomadisch, so dass der Stadtmensch nicht mehr so schwitzt oder schwitzt wie zu seiner Zeit als Nomade; daher sammelt der Stadtmensch eine größere Menge Natriumurat an, das zu Harnsäure wird. Das Symbol $\rightleftarrows$ zeigt an, dass sich die Konzentrationen dynamisch von links nach rechts oder von rechts nach links bewegen werden, um im Gleichgewichtszustand einen neuen Wert zu erreichen.

Auf diese Weise ist der Stadtmensch derjenige, der am meisten an Krebs, Diabetes, Osteoporose oder Arthritis leidet, weil Harnsäure die Knochen angreift. Das aus den Knochen freigesetzte Kalzium bildet mit der Harnsäure Kalziumurat, das der Hauptbestandteil von Nierensteinen ist. Rote Blutkörperchen werden im Knochenmark produziert; daher führt die Anwesenheit von Harnsäure neben der Bildung von Osteopenie auch zu einem niedrigen Hämoglobinspiegel, was die Ursachen für die geringe Sauerstoffversorgung in den Mitochondrien der Zellen verschlimmert.

Natürlich verlässt die Boten-RNA den Kern, um die Proteine in den Ribosomen zu bilden, so dass durch die Azidose die Codes in der Boten-RNA durch den gleichen Effekt von Tautomerie und Methylierung verändert werden. So werden die Ribosomen der Bauchspeicheldrüsenzellen das Protein Proinsulin nicht oder nicht korrekt synthetisieren können, welches das native Protein ist, das in zwei Teile geschnitten werden muss, um das Hormon Insulin zu bilden. Die beiden Proteinstücke werden durch die Bisulfidbindungen oder Schwefelbrücken im Hormon Insulin vereinigt; aber diese Bisulfidbrücken werden nicht gebildet, wenn in den Zellen ein antioxidatives Milieu vorhanden ist, wie z.B. Homocystein in den Zellen, von dem wir bereits wissen, dass es aus tierischem Protein stammt. Wenn sich aber das Hormon Insulin nicht bildet, entsteht der Zustand des Diabetes, da es Insulin ist, das Glukose in Glykogen umwandeln kann, um systematisch die richtige Glukosekonzentration im Blut entsprechend dem Energiebedarf zu regulieren.

Mit anderen Worten, die Aufnahme von Zellen und Proteinen eines anderen Tieres steht im Widerspruch zur genetischen Natur des Menschen. Und aufgrund der Art und Weise, wie sie sich ernähren, werden organische Krankheiten natürlich vom Menschen selbst verursacht. Es ist also notwendig, sich Wissen anzueignen, um in der geistigen Welt als magnetische Energie, nicht aber als elektronische Materie Bewusstsein zu erlangen.

Die andere Substanz, die den Zustand von Diabetes direkt beeinflusst, ist Saccharose, d.h. Zucker zum Kochen. Dieser Zucker ist das am meisten konsumierte Kohlenhydrat, direkt und indirekt in der Ernährung: direkt, weil er der am meisten verwendete Süßstoff ist, um Getränke wie Tee, Schokolade und Kaffee sowie Fruchtnektare zu süßen; oder schlimmer noch, die erste Nahrung für Babys. Und indirekt, weil wir Saccharose konsumieren, wenn wir Kekse, Kuchen, Eiscreme und Süßigkeiten essen.

Aber lassen Sie uns in die Zeit zurückgehen, als wir ein Spermium waren, um zu verstehen, warum es uns weh tut, wenn wir Saccharose konsumieren.

Es gibt Tausende von Zuckern, wie Laktose, Glukose, Ribose, Galaktose, Fruktose usw., aber in diesem Fall werden wir uns nur auf Saccharose beziehen. Der Zucker, den wir als Spermatozoen konsumierten, war Fruktose, da wir keine Möglichkeiten im Blut hatten, Glukose als Hauptenergiequelle zu nutzen. Als Fruktose hatte unsere Nahrung Vorteile, da sie unsere Hauptenergiequelle war. Außerdem wird durch Fruktose keine Milchsäure produziert, die die antioxidativen Enzyme in uns als Spermien schädigen würde. Aus diesem Fruktoseprozess werden andere Zucker gewonnen: Glukose, die uns zur Energiegewinnung diente, aus der aber neben der Fruktolyse von Fruktose auch Galaktose und Fettsäuren gewonnen werden. Die Galaktose war für die Bildung des Nervengewebes notwendig, während wir aus den Fettsäuren die Hormone gewannen, die es uns ermöglichten, andere Substanzen zu bilden, wie z.B. die verschiedenen Enzyme, d.h. die Vitamine.

Als wir begannen, als Embryonen zu wachsen, verloren wir den Schwanz oder die Axone des Spermatozoons, und es bildete sich eine kleine Drüse, die Leber genannt wird und die die Rolle übernehmen wird, die die Mitochondrien in den Schwänzen des Spermatozoons hatten. Und von nun an wird die Leber für die Umwandlung von Fruktose in Fettsäuren und Galaktose zuständig sein. Während die Mitochondrien weiterhin ihre Rolle als Wärmekraftwerke oder Wärmeerzeuger spielen werden, wird die Leber für die Umwandlung von Fruktose in Fettsäuren und Galaktose zuständig sein. Zu diesem Zeitpunkt hat sich aber auch der Prozess der Energiegewinnung verändert, denn sobald die ersten Blutgefässe und die Herzpumpe erscheinen, werden unsere Mitochondrien aus Glukose und Sauerstoff Energie produzieren, die wir aus dem erhalten, was unsere Mutter isst und atmet.

Und diese Veränderung der Energieerzeugung ist nicht nur spektakulär, sondern auch notwendig, denn die durch die Reaktion von Glukose mit Sauerstoff erzeugte Wärme ist effizienter als die Erzeugung von kalorienreicher Energie aus der Fruktolyse von Fruktose. Aber darüber hinaus wird der Abstand zwischen den Muskelzellen und dem Herzen mit zunehmendem Alter immer grösser. Die Muskelzellen haben sich also dafür entschieden, ihre eigenen Mitochondrien mitzunehmen.

Aber was ist der Grund, warum wir keine Saccharose oder den so genannten Kochzucker zu uns nehmen sollten?

Es stellt sich heraus, dass Saccharose ein Zucker ist, der aus zwei Molekülen besteht: das eine ist Fruktose und das andere ist Glukose. Und wenn wir Saccharose konsumieren, spaltet sich dieser Zucker in seine zwei Moleküle auf: Fruktose und Glukose. Insulin kann nur den Glukosespiegel kontrollieren, der ihn in Glykogen umwandelt, aber Insulin kann nicht den

Fruktosespiegel kontrollieren. Obwohl wir bereits wissen, dass Fruktose von der Leber verarbeitet wird, um Fettsäuren zu erhalten und Fettgewebe zu bilden. Während Glukose aus Saccharose der Glukose zugesetzt wird, die bei der Zersetzung von mit der Nahrung aufgenommener Stärke entsteht und deren Abbauprozess im Mund durch die Wirkung des Enzyms Ptyalin oder Amylase beginnt. Die gesamte Glukosemenge, d.h. die mit der Nahrung mitgelieferte und die aus Saccharose erzeugte, wird von den Mitochondrien unter Wärmeentwicklung verarbeitet. Wenn wir also Saccharose konsumieren, haben wir einen Glukoseüberschuss, der die Menge an Insulin übersteigt. Natürlich ist es einfacher, Glukose aus dem Abbau von Saccharose zu gewinnen als aus der Verdauung von Stärke.

Aber das andere Problem ist, dass mit zunehmendem Wachstum die Muskelzellen zahlreicher werden. Darüber hinaus sind diese Muskelzellen diejenigen, die die meiste Energie verbrauchen, weil sie diejenigen sind, die sich der Bewegung widmen, und zwar in größerer Zahl. Die andere Situation ist, dass die Zellen, aus denen die roten Blutkörperchen bestehen, d.h. die Zellen, die für den Transport von Sauerstoff und Glukose zu den Muskelzellen zuständig sind, weder einen Kern noch Mitochondrien haben. Die roten Blutkörperchen können sich also nicht selbst reproduzieren, und weil sie keine Mitochondrien haben, erhalten sie Energie auf einem anderen Weg, d.h. die roten Blutkörperchen erhalten Wärmeenergie durch die Glykolyse von Glukose.

Und wenn wir geboren werden, haben wir immer noch keine Amylase im Mund, weil wir zu wenig Speichel absondern. Wir können also immer noch nicht Glukose als Energiequelle verarbeiten. Aber als wir aufwachsen, hat die Natur den Laktose-zucker unserer Mutter in die Milch gegeben, um aus diesem Zucker Glukose und Galaktose zu gewinnen. Darüber hinaus hat die Natur in unseren Dünndarm das Enzym Laktase einge-bracht, das für die Verdauung der Laktose aus der Mutter-milch notwendig ist.

Doch dann durften wir unsere erste mit Saccharose gesüßte Teekanne ausprobieren. Und so wurden wir süchtig nach die-sem Zucker; aber sichere Kandidaten für Diabetes. Und dies wurde von unserem Dünndarm angenommen, so dass kein Enzym Laktase mehr ausgeschieden wird, weil wir die Glukose bereits aus Saccharose und Kohlenhydraten gewinnen konn-ten, so dass es nicht notwendig war, weiterhin die Muttermilch zu nehmen, und es kam zur Entwöhnung.

Aber wir Menschen werden weiterhin Saccharose, Kuhmilch und ihre Derivate zu uns nehmen, auch wenn wir das Enzym Laktase nicht mehr im Dünndarm haben. Und das in der Kuh-milch enthaltene tierische Fett ist nur für das Kalb nützlich, so-lange es auch ein Baby mit seinem eigenen Enzym Renin in seinem vierten Magen ist. Die Milch, die diese Kuh konsumiert, wird sich also auf uns als Menschen auswirken, wenn wir er-wachsen sind. Und da wir keine Laktase haben, werden wir Fette zu uns nehmen, die unseren Blutdruck verändern wer-den.

Hinzu kommen die "trans"-Fettsäuren und die gesättigten Fettsäuren, die die Hauptbestandteile der "cis"-Öle sind, die, wenn sie industriell hydriert werden, als Margarine verzehrt werden. Trans-Fettsäuren haben einen höheren Schmelzpunkt als cis-Fettsäuren; daher werden Trans-Fettsäuren nicht aus dem Körper ausgeschieden und binden sich mit Cholesterin aus Fleisch, das von anderen Tieren verzehrt wird, was zu hohem Blutdruck und mit Sicherheit zu Herzinfarkten führt.

3

SELTSAMES CHOLESTERIN

Wir betrachten in einem gesonderten Kapitel das seltsame Cholesterin, d.h. das Cholesterin, das aus Fleisch verzehrt wird, weil dieses Cholesterin sich von unserem Cholesterin unterscheidet, denn die Anhäufung des seltsamen Cholesterins ist eine Folge, die eher physikalischen als chemischen Ursprungs ist. Aber der andere Grund ist, dass der Herzinfarkt die Hauptursache für den Tod von Menschen in der Welt ist, er ist auch die erste Ursache für Bewegungen und geistige Behinderungen. Nennen Sie diese Behinderung: Demenz, Lähmung, Schlaganfall oder Gedächtnisverlust. Mit anderen Worten, jede Erkrankung, die mit dem zerebrovaskulären System in Zusammenhang steht. Herzinfarkte entstehen, weil beim Verzehr von Fleisch, zusammen mit dem Fruchtfleisch des Tieres, neben den toten Zellen und dem Eiweiß auch Cholesterin mitgeführt wird, denn Cholesterin war für das Tier nur nützlich, als es noch lebte, denn aus dem Cholesterin des Tieres werden die Sexualhormone gewonnen, die nur für die Fortpflanzung jeder Tierart notwendig sind.

Es gibt also eine riesige Menge an Formen von Cholesterin, da das Molekül dieses Steroids 8 asymmetrische Zentren enthält. Wir können also 2^8 (oder 256) mögliche Formen von Cholesterin haben, die alle unterschiedlich sind, und nur eine dieser

Formen entspricht der Form des menschlichen Cholesterins. Oder es kann für den Menschen nicht gleichzeitig ein gutes und ein schlechtes Cholesterin geben, weil eine Leber in gutem Zustand nicht zwei Arten von Cholesterin produzieren kann: gutes und schlechtes Cholesterin. Nur diese Hühnerleber produziert Cholesterin für Hühner; oder die Leber einer Kuh produziert ein Cholesterin, das nur für Kühe nützlich ist. Und die menschliche Leber produziert ein Cholesterin für den Menschen, und so wird es für jede Rasse spezifisch sein.

Man stelle sich vor, aus dem menschlichen Cholesterin werden Gallensäuren gebildet, die nur für das Verdauungssystem des Menschen arbeiten; aber diese Gallensäuren sind für das Verdauungssystem anderer Tiere unterschiedlich; und jede Tierrasse hat ihr eigenes enzymatisches System, um das, was sie essen, zu verarbeiten.

Cholesterin von Kühen, Stieren, Schweinen, Rehen, Fischen, Kaninchen oder Hühnern wird uns also nicht helfen, Kinder zu zeugen. Nur das Cholesterin von Hühnern wird den Hühnern nützlich sein, oder das von Kühen und Stieren wird uns helfen, kleine Kälber zu zeugen. Dieses Cholesterin ähnelt strukturell und chemisch dem menschlichen Cholesterin, das fremde Cholesterin wird eine Plaque um die Blutkanäle bilden, und es wird sich mit "Trans"-Fettsäuren und gesättigten Fettsäuren vermischen.

Die Folge dieser Aufnahme einer anderen Art von Cholesterin als menschliches Cholesterin ist, dass diese Plaque, die sich um die Blutkanäle herum bildet, den Querschnitt oder die volumetrische Kapazität der Kanäle verringert und damit den freien Blutfluss einschränkt. Dies führt zu Bluthochdruck und erhöht die Belastung des Herzmuskels, da das Blut auch zähflüssiger wird. Oder die dünneren Blutgefässe, wie z.B. in den Augen, können dem induzierten hohen Überdruck nicht standhalten und es kommt zu Blutungen. Vielleicht können wir die kleinen Gerinnsel in den Augen sehen, aber wir werden diese Lecks in der Prostata oder in den Milchgängen der Brüste nicht visuell erkennen können, was eine Zyste oder Auswüchse in diesen Bereichen bilden würde; wenn sich dieses Gerinnsel jedoch in den Beinen bilden würde, könnte die Folge ein Herzinfarkt sein.

Das Herz saugt das Blut an, so dass es mittels Unterdruck aus den Venen recycelt wird, und stößt es mit einer positiven Druckkraft in die Arterien aus. Die am weitesten vom Herzen entfernten Bereiche sind also die Beine, so dass aufgrund der geringeren Saugkraft in den Beinvenen, wenn diese Kanäle verstopft sind, das Blut schwieriger anzusaugen sein wird; es wird also gerinnen und es bilden sich Krampfadern.

In den Venen befinden sich Retentionsklappen, deren Funktion darin besteht, den Rückfluss des Blutes beim Ansaugen durch das Herz zu verhindern. Wenn also eine dieser Klappen blockiert wird, wird Blut zwischen die beiden Retentionsklappen injiziert, d.h. zwischen die blockierte und die nicht blockierte Klappe, aber die Klappe vor der blockierten Klappe lässt das Blut nicht zurückfließen. Daher wird Blut zwischen die beiden Klappen injiziert, wodurch eine Blutblase entsteht. Es ist, als würde man einen Gummiballon mit Wasser füllen.

Hält der Venenabschnitt, in dem sich die Ampulle befindet, dem hohen Druck stand, kann dies dazu führen, dass sich die blockierte Rückschlagklappe öffnet; dies führt zu einer Verletzung oder einem Riss in der Klappe, und es bildet sich ein Gerinnsel, dessen Wirkung darin besteht, Blutverlust zu verhindern. Wird das Blut hingegen nicht geöffnet, kann die Blase platzen und eine Blutung in der Beinvene erzeugen, die als Phlebitis bezeichnet wird.

Der gebildete Thrombus kann sich frei durch den Blutgang bewegen; sein endgültiger Aufenthaltsort ist jedoch unbekannt. Da der Thrombus gerinnt, kann er sich im Blutnetz der Lunge festsetzen und eine Lungentrombose oder Thrombusembolie verursachen. Oder der Thrombus kann die Nieren erreichen; und eine Verstopfung der Nierentubuli führt zu Nierenschäden. Oder der Thrombus gelangt in das Herzkranzgefässnetz des Herzens, und wenn er dort stecken bleibt, führt dies zu einem Schlaganfall des Herzmuskels.

Geschieht dies nicht, weil der Thrombus zu klein ist, kann der kleine Thrombus durch die innere Halsschlagader ins Gehirn gelangen; und wenn er dort stecken bleibt, kommt es zu einem Schlaganfall des Herzmuskels. Die Gliazellen vor dem Thrombus werden betroffen sein, und zwar so, dass diese Zellen keinen Sauerstoff erhalten; daher können die Neuronen, die den elektronischen Strom zur rechten Körperseite leiten, absterben, was zu einer Lähmung oder zum Verlust der Bewegungsfähigkeit führt. Dies wird als ischämischer Schlaganfall bezeichnet, weil die Gliazellen das Blut nicht mit dem Sauerstoff aufnehmen können. Oder es kann sich eine weitere Blutblase in den Blutgefässen des Gehirns bilden, ähnlich wie bei einem Blutaustritt im Bein; und wenn die Blutblase platzt, kommt es zu einem hämorrhagischen Schlaganfall.

In beiden Fällen ist die Schädigung durch eine Hirnthrombose offensichtlich; wenn der Schlaganfall jedoch hämorrhagisch ist, sind möglicherweise alle Gliazellen des Gehirns betroffen, und es folgt der Tod des elektronischen Körpers, weil der Geist nicht mehr in der Lage sein wird, seinen physischen Körper zu manövrieren.

Wenn der Schlaganfall ischämisch ist, kann die Person zwar gerettet werden, aber mit einer geistigen Beeinträchtigung behindert werden; oder es kann sich um eine Bewegungsbehinderung handeln. Ein ischämischer Schlaganfall kann unbemerkt bleiben, aber er befällt die Gliazellen, die sich im Zentrum des Gehirns befinden, insbesondere zwischen den beiden Hemisphären, aber dort befindet sich der Hippocampus, wo das Archiv der Erinnerungen aufbewahrt wird; daher wird die Parkinson-Krankheit oder die Alzheimer-Krankheit in einer pausierten Weise produziert. Oder es können andere Krankheiten neurologischer Art auftreten, wie z.B. Undynamik, Angst oder Verzweiflung; oder es kann sich um einen Krebs im Gehirn handeln, weil das geronnene Blut nicht durch Hämolyse entfernt werden konnte.

Bildet sich jedoch diese fremde Cholesterin-Plaque, werden die Blutkanäle starr und verlieren dadurch die Flexibilität und Empfindlichkeit, ihre volumetrische Kapazität automatisch zu erhöhen oder zu verringern. Diese Fremdcholesterin-Plaque erlaubt es den Kanälen also nicht, den Blutdruck selbstständig zu regulieren.

Das Fett, das in Fleisch, Margarine, Kuhmilch und Kuhmilchderivaten enthalten ist, macht das Blut auch zähflüssiger, weil die höhere Belastung mit Triglyceriden und Fettsäuren das Abpumpen des Blutes erschwert; daher wird der Zugang des Blutes zu den entferntesten Körperregionen, vor allem zum Gehirn, eingeschränkt.

Der hohe Fleischkonsum, der ebenfalls eine Azidose des Verdauungssystems verursacht, denn wenn das Chymus im Zwölffingerdarm nicht durch die Gallensalze neutralisiert wird, kann saures Chymus vom Magen in den Dünndarm gelangen, das im Zwölffingerdarm durch die Gallensalze neutralisiert werden muss. Wenn das Chymus im Zwölffingerdarm nicht vollständig neutralisiert wird, gelangt diese Flüssigkeit in saurer Form in den Dünndarm, was die Funktion des Enzyms Lipase Pankreas hemmt, das für die Umwandlung von Triglyceriden in Fettsäuren verantwortlich ist. Aber stellen Sie sich vor, dass für diese fleischfressende Ursache ein großes Ungleichgewicht entsteht, und dass wir es mit unserer verzerrten Ernährung verursacht haben.

Aber analysieren wir auch einen Moment lang, dass das Blut eines Menschen im Endstadium einer Krebserkrankung so sauer ist wie Limonade oder Essig, und dass dieser Mensch natürlich nicht richtig mit Sauerstoff versorgt wird. Und wie wir gesehen haben, entstehen Krebszellen aus einem sauren Zustand im Blut, und dieser Mangel an Sauerstoffzufuhr ist günstig für mutierte Zellen, aber gleichzeitig ist er ungünstig für gesunde Zellen. Daher kommen wir zu dem Schluss, dass organische Krankheiten wie Krebs, Diabetes, Herzinfarkt, Alzheimer und Arthritis nicht wirklich existieren, weil es sich dabei um ungünstige Gesundheitszustände handelt, die wir selbst aus eigenem Willen verursacht haben.

Aber es wäre eine gute Idee, den Begriff Fleisch hier zu klären, da mehrere Personen, wenn sie gefragt werden, ob sie Fleisch essen, sofort antworten, dass sie es nicht essen, weil sie glauben, dass sich der Begriff Fleisch nur auf das rote Fruchtfleisch von Rindern bezieht, da sie dann erwähnen, dass das, was sie häufig konsumieren, nicht Fleisch ist, sondern eher Huhn und Fisch.

Hühnerfleisch enthält mehr Harnsäure als Säugetierfleisch, weil Vögel nicht urinieren. Daher tragen Vögel ihre Abfälle nur zu Harnsäure, die sie als weiße Substanz zusammen mit dem Kot entsorgen. Säugetiere hingegen entsorgen ihren Überschuss in Form von Harnstoff über den Urin. Fische benötigen das Harnsystem nicht, da sie Wasser aufnehmen, und werfen ihren Überschuss daher hypotonisch in Form von Ammoniumsalzen ab.

Dies zeigt jedoch eine enorme Verwirrung. Denn das Wort Fleisch bezieht sich auf eine Klassifizierung, die auf Material angewandt wird, das aus dem Fruchtfleisch von Landtieren, normalerweise von Wirbeltieren, ob es sich nun um Säugetiere, Vögel oder Reptilien handelt, stammt; denn obwohl man nicht in der Lage ist, dieselbe Definition anzuwenden, wird von Meerestieren gewonnenes Material eher als Fisch klassifiziert. Krebse, Weichtiere und andere dieser Gruppe werden zwar als Meeresfrüchte bezeichnet, aber alle sind Tiere, d.h. ihr Fruchtfleisch wird aus Zellen und Proteinen gebildet.

Das bedeutet, dass über die korrekte biologische Taxonomie hinaus das Fruchtfleisch von Tieren, die als Nahrung verzehrt werden, was immer es auch sein mag, im allgemeinen Konzept der Klassifizierung Fleisch ist. Und ob sie rot oder weiß sind, das ist eine andere Frage, denn die Farbe hat mit dem Atmungsprozess jedes Tieres zu tun. Die Roten stammen im Allgemeinen von Säugetieren, weil ihre Atmung mehr durch den Blutkreislauf geht; und deshalb ist Blut reichlicher vorhanden, da sie eine größere Menge Myoglobin benötigen, um

Sauerstoff um die Zellen herum speichern zu können. Myoglobin verleiht dem Blut eine leuchtend rote Farbe.

Während das Fruchtfleisch von Vögeln weiß ist, weil Vögel und Amphibien ihr Atemsystem abwechselnd ändern: von aerob zu anaerob oder umgekehrt. Fische, die in der Tiefe leben, haben weißeres Fleisch, weil in der Tiefe der Sauerstoff knapper ist.

Aber vielleicht haben seit der Antike einige Menschen diesen Prozess und das Gefühl gegenüber Tieren empirisch verstanden; denn historisch gesehen heißt es, dass Pythagoras (~580-500 v. Chr.), dem wir dieses Buch gewidmet haben, Vegetarismus praktizierte. Wir kommen jedoch zu dem Schluss, dass es sich eher um ein Gefühl gegenüber Tieren handelte, da Pythagoras Gruppen bildete, die seine Doktrin der Liebe zur Natur verbreiteten. Aber Pythagoras kannte die Chemie der Zellen nicht, und er betrachtete nur auf philosophische Weise das Recht auf Leben, das andere Wesen auf der Erde haben.

Und vielleicht liegt es an uns, d.h. dem Autor und dem Leser, bei dieser Gelegenheit diese wissenschaftliche Vernunft auf der Erde zu verbreiten, damit eine neue Menschheit auf den richtigen Weg kommt, wie sie sich ernähren und für sich selbst das Leiden an Krankheiten vermeiden kann, sowie an Mitgefühl für unsere energischen Brüder, denn wir wissen jetzt, dass wir alle vom Universum erschaffen wurden; und deshalb sind alle Lebewesen unsere genetischen Brüder. Und wo auch immer die geistigen Wesen sind, ob in der Sonne oder in irgendeiner Galaxie wie Rigel oder Andromeda, alle geistigen Wesen sind unsere Brüder, und wir leben in diesem einzigartigen Universum, und es wird immer größer und größer werden, denn das Universum dehnt sich in Richtung des Nichts aus, das den

Raum für sich selbst erschafft. Und aus diesem Grund wird das Universum in seiner Existenz kein Ende haben.

Aber nehmen wir an, Pythagoras wäre der erste, der darüber nachdenken würde, dass wir nicht das Fleisch eines anderen Tieres als Nahrung essen sollten, denn Pythagoras verteidigte die Grundrechte der Tiere; und er tat dies, weil Pythagoras sagte, dass sowohl Tiere als auch Menschen Seelen besitzen, und deshalb sei die Seele der Tiere, wie die des Menschen, unsterblich. Und dass sie, weil sie aus Feuer und Luft bestehen, manchmal in menschlicher Form und manchmal als Tiere wiedergeboren werden können.

Pythagoras verzehrte gewiss kein Fleisch, ebenso wenig wie die Pythagoräer oder Anhänger des Pythagoras dachten. Deshalb verehrten die Pythagoräer jeden Tag den Sonnenaufgang oder das Erscheinen der Sonne am Himmel. Aber dies ist eine der erhabensten Anbetungshandlungen, die man kennt, denn es ist eine Anerkennung des Universums als Schöpfer von allem, was existiert. Deshalb haben wir das Gemälde des in Russland geborenen Malers Fjodor Bronnikow als eine Anerkennung des großen humanistischen Werkes von Pythagoras aufgefasst.

Pythagoras kaufte auf den Märkten Tiere in Gefangenschaft, um sie von diesem Elend zu befreien. Wenn Pythagoras in der Antike erwähnt, dass die Seele eines jeden Lebewesens unsterblich ist, so widerspricht dies dem Gedanken dieser Epoche des großen Wissenschaftlers Stephen Hawking, der behauptete, dass dies die einzige Chance sei, die wir im Leben hätten, aber dieser Widerspruch wird in unserem Buch "Die Chemie des Gedächtnisses" verdeutlicht.

Aber ein Vegetarier muss notwendigerweise mehrere Arten von Nahrung durchsieben, um seine Ration an essentiellen Aminosäuren zu finden, da einige essentielle Aminosäuren in einer Art von Nahrung enthalten sein können, während die anderen in einer anderen Art von Nahrung enthalten sein werden. Da wir also Vegetarier sind, können wir nicht einfach nur Salat essen.

Und so kam es, dass Prinz Siddhartha Gautama in einer anderen Zwischenzeit seinen Mystizismus ausübte, aber es kam die Zeit, in der seine Nahrungsration nur aus einem Reiskorn bestand. Er war zu schwach, bis ihm eines Tages ein Vedhas erschien, der sang und sich selbst mit seiner Zither begleitete: "...♫ ist eine Saite locker, sie klingt nicht...♫ und wenn man sie zu sehr in Versuchung führt, platzt sie...♫". Lord Siddhartha verstand diese Botschaft, die ihm von den Vedhas vorgesungen wurde; und er dachte bei sich selbst, dass man in der Mitte des Weges gehen sollte. Siddhartha Gautama begann, ein normales veganes Leben zu führen, und dann wurde er zum Buddha, was "Der Erleuchtete" oder das Äquivalent des Titels Christi bedeutet.

Das gesunde leben muss also in jeder Hinsicht ein Gleichgewicht sein. Zellen replizieren sich, um diejenigen zu ersetzen, die ohne unsere Zustimmung gestorben sind, aber wenn es keine Zellen mehr zu duplizieren gibt, wird sich das Ganze, das uns entspricht, was immer es auch sein mag, nicht mehr duplizieren; und das Leben in diesem Körper wird sich nicht mehr selbst erhalten können. Der Geist wird befreit werden, aber er wird nicht in der Lage sein, etwas Materielles mit sich zu tragen, denn der Geist hat keine Masse. Und nur gute Werke, die auf dieser Ebene als durch magnetische Energie erzeugte Geister getan werden, und gute Dienste für unsere Brüder, die ebenfalls einen aus elektronischer Materie gebildeten Körper haben, werden beständig sein.

Aber in der Zwischenzeit werden wir so leben müssen, dass das gesunde Leben im Gleichgewicht gehalten werden kann und dass wir in all diesen Fortschritten und Emotionen auch die Tiere mit einbeziehen, denn sie sind unsere genetischen und energetischen Brüder; sie haben also die gleiche geistige energetische Kraft wie wir. Mit dem einzigen Unterschied, dass sie die Form eines anderen Körpers annehmen mussten, der nur durch den genetischen Code bestimmt wird; vielleicht, um ihre eigenen Erfahrungen zu machen. Aber letztendlich sind auch sie Teil dieses immensen Universums und haben deshalb das gleiche Recht, frei zu leben, und verdienen es, als Brüder respektiert zu werden.

Und mit dieser falschen Lebensweise oder diesem falschen Lebensstil wird die Erde zerstört, und so werden wir zu wahren Pascuences. Denn man sagt, dass auf der Insel Pascua die Bewohner alles zerstört haben und nicht mehr überleben konnten; so sehr, dass die Pascuences-Insulaner isoliert oder im Ozean treibend zurückgelassen wurden. Weil der Boden, das Wasser, die Tiere, die Pflanzen, die die Wälder bilden, die Mykorrhizen mit den Zeolithen, die die Nährstoffe und die Feuchtigkeit in ihren Poren zurückhalten, die Bakterien, die den Stickstoff fixieren und ohne die die Gräser nicht wachsen würden, wie Reis, Weizen oder Gerste, alle zusammen mit dem Menschen bilden und tatsächlich Mitglieder dieser spektakulären und einzigartigen kosmischen Familie sind.

ÜBER DEN AUTOR

Absolvierte die Schule für Chemie an der Fakultät für Wissenschaften der Zentraluniversität von Venezuela mit einem Abschluss in chemischer Technologie. Postgraduiertenstudium in Lebensmittelwissenschaft und -technologie. Spezielle Arbeiten über die Chemie von Naturstoffen und die Chemie von Krankheiten. Designer von chemischen Prozessen. Bücher: "Die Chemie des Krebses". "Die Chemie des Diabetes". "Der Infarkt". "Die Alzheimer-Krankheit". "Die Chemie der Arthritis". "Die Chemie des Denkens". "Die Chemie des Geistes". "Wie das Universum entstand". "Die Expensalisten". "Warum man kein Fleisch essen sollte". "Die Mikrowelt". "Existiert Gott wirklich?". "Einspruch gegen Albert Einsteins Relativitätstheorie." "Die Zukunft erraten." "Der Irrtum der großen Wissenschaftler". "Leben in der Sonne". "Das Universum vor der Nullzeit". "Die Energie des Geistes". "Die Entstehung des Krebses". "Die Welt der Zellen". "Die Chemie der Krankheiten". "Das Teilchen, das das Universum erschaffen hat". Die Chemie des Krebses, siebte Auflage. The Chemistry of Diabetes, sechste Auflage; The Chemistry of Heart Attack, vierte Auflage, "The Chemistry of Memory"; The Chemistry of Arthritis, dritte Auflage. "Die schöpferische Kraft des Geistes".

39